身边的科学真好玩

会七十二变的塑料

You Wouldn't Want to Live Without
Plastic!

第2辑

[英] 伊恩·格雷厄姆　文

[英] 大卫·安契姆　图

马会灵　译

时代出版传媒股份有限公司

安徽科学技术出版社

U0254341

[皖] 版贸登记号：12151556

图书在版编目（CIP）数据

会七十二变的塑料/（英）格雷厄姆文；（英）安契姆图；
马会灵译. --合肥：安徽科学技术出版社，2016.6（2020.9
重印）
（身边的科学真好玩）
ISBN 978-7-5337-6974-1

Ⅰ.①会… Ⅱ.①格…②安…③马… Ⅲ.①塑料-儿
童读物 Ⅳ.①TQ32-49

中国版本图书馆 CIP 数据核字（2016）第 090046 号

You Wouldn't Want to Live Without Plastic! ⓒThe Salariya
Book Company Limited 2016
The simplified Chinese translation rights arranged through
Rightol Media（本书中文简体版权经由锐拓传媒取得
Email：copyright@rightol.com）

会七十二变的塑料 ［英］伊恩·格雷厄姆 文 ［英］大卫·安契姆 图 马会灵 译

出 版 人：丁凌云 选题策划：张 雯 责任编辑：张 雯
责任校对：程 苗 责任印制：廖小青 封面设计：武 迪
出版发行：时代出版传媒股份有限公司 http://www.press-mart.com
安徽科学技术出版社 http://www.ahstp.net
（合肥市政务文化新区翡翠路 1118 号出版传媒广场，邮编：230071）
电话：(0551)63533330
印 制：合肥华云印务有限责任公司 电话：(0551)63418899
（如发现印装质量问题，影响阅读，请与印刷厂商联系调换）

开本：787×1092 1/16 印张：2.5 字数：40 千
版次：2020 年 9 月第 4 次印刷

ISBN 978-7-5337-6974-1 定价：15.00 元

塑料大事年表

1856年

亚历山大·帕克斯用植物纤维素发明了帕克斯胶。

1880年

塑料代替动物角和龟壳,成为制造梳子的主要材料。

1870年

约翰·韦斯利·海厄特制造了塑料赛璐珞。

1897年

德国用牛奶制造出了酪蛋白塑料。

1892年

人们用纤维素造出了人造丝。

1907年

利奥·贝克兰德发明了胶木——第一种合成塑料。

1956年

用不粘的塑料涂层生产出了不粘平底锅。

1935年

华莱士·卡罗瑟斯发明了塑料纤维:尼龙。

2011年

新的波音787飞机,比以往的飞机含有更多的塑料成分。

1932年

有机玻璃被发明,可替代玻璃。

2001年

塑料制成的无人飞机"太阳神号",飞行高度达到29524米这个世界纪录。

1940年

新的合成橡胶满足了第二次世界大战时期对橡胶轮胎的大量需求。

什么是塑料？

分子单位

氢原子

碳原子

聚合物

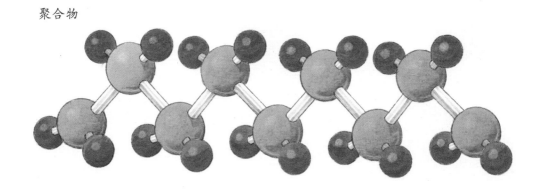

塑料是像尼龙、聚氯乙烯（PVC）、聚乙烯这样的材料。它们变软后，可以重新设计、打模，做成新形状。塑料的英文单词起源于希腊语"plastikos"，意思是"可塑的"。

我们看得见、摸得着的所有东西都是由看不见的微小颗粒——原子构成的。原子很小，不管你视力再好，肉眼都看不到它。一组原子聚集在一起，形成分子。大部分的分子只包含几个原子，但塑料的结构却不同。塑料由很长的分子构成，每个分子看起来都像自行车链条那么长。成百上千个一样的分子单元聚合在一起，形成长长的链条，称作"聚合物"。这些长长的链条可以滑动，所以，当塑料加热后，会变得柔软、容易塑形；冷却下来后，这些长长的链条紧密地锁在一起，塑料就形成了新的形状。

作者简介

文字作者：

伊恩·格雷厄姆，曾在伦敦城市大学攻读应用物理学。后来又获得新闻学硕士学位，专门研究科学和技术。自从他成为自由作家和记者以来，已经创作了100多本非文学类少儿读物。

插图画家：

大卫·安契姆，1958年出生于英格兰南部城市布莱顿。他曾就读于伊斯特本艺术学院，在广告界从业了15年，后成为全职艺术工作者。他为大量非小说类童书绘制过插图。

目　录

导　读

在家里或学校四处瞧瞧，电脑、手机、电视机、玩具、笔、运动装备，还有我们看的书里，到处都有塑料的影子！衣服、毛毯、家具、墙面漆里，可能都有塑料！再去厨房找找，你会发现许多塑料。塑料如此重要，你能想象生活中没了塑料后会怎样吗？如果没有塑料，很多事情会大不相同，有些事情会变得很难做，有些事情根本就没法做。如果没有塑料，很多物品就会特别贵。相信我，没有塑料的生活，你绝对不想过！

没有塑料的世界?

现在,几乎所有的东西都包含塑料的成分,或者完全由塑料组成。塑料有许多不同种类,有软的、有硬的;有些是透明的,有些是不透明的;有的塑料光滑有光泽,有的塑料却粗糙又暗沉;塑料可以有各种颜色,白的、黑的……你从彩虹上能看到的颜色,塑料上都可以呈现。

但一百多年前可不是这样。那时候,还没有发明出这许许多多的塑料。如果我们没有发明塑料,世界将会是怎样的呢? 没有塑料,手机、电脑、互联网等都不会出现。

你不会喜欢松松垮垮的衣服! 没有塑料,就做不成合成纤维,衣服就没有弹性。

没有塑料,就没有电脑、手机、游戏机。它们的许多部件都含有塑料。

用**塑料**可以做成各种形状的**家具**,而且价格便宜。这两点,别的材料很难做到,有些甚至根本做不到。

没发明塑料之前,胶水是用动物蹄子和兽皮熬煮制成的。现在的胶水都用塑料做成。

没有塑料之前

直到20世纪50年代，人们的生活中才出现塑料。在那之前的千百年来，物品都由天然材料做成，像木头、金属、石头、玻璃、真皮、天然纤维。像扣子、刀柄之类的小物件则用象牙或动物角（如鹿茸）做成。人们找到这些天然材料，加工成有用的物品；做加工的人们了解每种物品的优点和缺点，有着丰富的经验。但是，塑料改变了这一切。

木头做成房子

羊毛做成衣服

过去，象牙可以用来做成**钢琴键**。所以人们会把弹钢琴比喻成"挠痒痒的象牙"。一根长象牙可以做出45个钢琴键。

以前，用骨头或鹿茸做成的**梳子**，齿很容易断；塑料出现后，做出来的塑料梳子，齿柔韧持久。

鹿角做成工具

衣服都有护理标签，上面标明了织物类型和清洗方法。你能在衣服上找到下面这些标签吗?

骨头做成工具

动物皮做成衣服

自然纤维做成的衣服，尤其是羊毛做成的衣服，清洗时容易**缩水**，令人们头痛不已。合成纤维的衣服就耐洗多了!

漂亮的坐饰。过去，坐垫、沙发、毛绒玩具里面，塞满了稻草、羊毛、刨花、木屑、羽毛、马鬃;现在，填充物都变成了塑料纤维和塑料泡沫。

第一种塑料

世界上第一种塑料是用天然材料做成的。最特别的材料是虫胶,它是从紫胶里提取出来的。而紫胶由紫胶虫分泌产生。十万只紫胶虫能提取出500克虫胶。通过打模,虫胶可以做出各种形状。磁带(音乐唱片)最早出现在20世纪初期,当时就是用虫胶做的。早期还有一种塑料名为帕克斯胶,是1856年亚历山大·帕克斯申请的专利。帕克斯胶由植物中的纤维素组成。摄影胶片也是一种塑料做成的,这种塑料叫赛璐珞,发明于19世纪70年代。还有一种塑料由牛奶做成!如果现代没有发明出这些塑料,我们可能还在使用天然物质做成的塑料。

虫胶做成的唱片很常见,但也易碎。20世纪30年代引入的塑料"乙烯基"唱片盘不那么容易碎,保存时间更长。所以,很快它就取代了虫胶唱片。

紫胶虫分泌的红色液体称作紫胶,残留在树枝上,呈玻璃状。人们将它收集提纯,加工成虫胶。

这是虫胶,从吓人的爬虫中来的!

谢谢!

你也能行!

让大人加热一杯牛奶,但别让牛奶沸腾。加两勺清醋,搅拌成块状。冷却后,拼命挤压,**你就能做出牛奶塑料了!**

*安全提示:小心!别让热牛奶溅到或漏出!

最初,照片是在金属盘或玻璃片上一张一张洗出来的。赛璐珞胶片问世以后,胶片就能很快呈像,连贯成电影。

英国的**玛丽王后**(1867—1953年)拥有牛奶做成的塑料珠宝。牛奶中含酪蛋白,可以加工成塑料,称作"酪蛋白塑料"或"酪朊塑料"。

7

科学来救援！

在20世纪早期，科学家们开始寻找制作塑料的新方法。他们不再加工天然材料，而是将一些化学物质混合以制成新塑料。科学家在实验室里研制出的这些塑料，叫合成塑料。第一种合成塑料是1907年由利奥·贝克兰发明的，称作胶木。20世纪20年代，人们用胶木制作收音机、照相机、珠宝、开关、电气插座和时钟。到了20世纪30年代，华莱士·卡罗瑟斯发明了尼龙，这种塑料非常有名，直到今天仍在使用。

尼龙衬衫很受欢迎，但是不耐穿。这种衬衣容易带静电，人碰到金属时会突然触电，比如门把手，哎哟！

塑料的新用途

收音机刚流行时，**胶木**出现了。1920—1950年，在电视机广泛使用之前，胶木收音机卖出了几百万台。

胶木可以做出**这么多东西**！所以我们称胶木为"万能物质"。人们甚至可以用胶木做棺材！

有些**20世纪早期**发明的塑料，现在仍在使用。看看一些小机器里面，你会发现齿轮等部件都是尼龙做的。

华莱士·卡罗瑟斯(1896—1937年)是美国化学家,因发明尼龙而闻名。

华莱士·卡罗瑟斯

尼龙纤维

与金属齿轮相比,尼龙齿轮噪音小,不需要润滑油,不生锈、更耐用。

塑料的红火时期

第二次世界大战期间（1939—1945年），物质短缺，橡胶更是奇缺，因此需要科学家创造出一种新物质来代替天然橡胶。科学家们成功制造出一种有弹性的塑料，类似橡胶，还有其他新型塑料，如科代尔、涤纶。二战结束之后人们为了重建家园，工厂用二十世纪三四十年代发明的新塑料大量生产各类必需品。就在这个时期，塑料杯取代了玻璃杯。塑料真的火了！

二战期间，要生产轮胎以及卡车、飞机、机器的其他橡胶成分部件。天然橡胶不够用，于是，科学家发明了合成橡胶。

20世纪30年代，战斗机的驾驶舱和座舱是用有机玻璃做的，那是一种透明橡胶。防弹玻璃的两层玻璃中间用的也是塑料哦！

危险！塑料杯出现之前，杯子都是厚重的玻璃做成的。不小心碰翻或掉落，玻璃杯就会粉碎。塑料杯就安全多了，掉到地上只是轻轻弹跳一下而已！

你也能行！

你的玩具中，有什么不是塑料做成的吗？你为什么认为那不是塑料呢？因为他们比塑料更结实、更硬、更有弹性，还是别的原因呢？

再次警报！塑料没有被发明之前，小孩不能专注地玩玩具，因为有些玩具是马口铁和铅做的——马口铁边缘很锋利，而铅有毒。

哎哟！

塑料的太空时代

在20世纪50年代，人类开始航空飞行，大批量生产塑料制品。当时，塑料是太空时代的大英雄。经历二战的悲惨之后，塑料让人们看到了未来和希望。与笨重的木头和金属相比，塑料产品更容易破。但没关系，破了再买新的塑料产品，很便宜嘛！人类进入新的生活方式，不再修修补补，东西坏了就扔，买新的！

20世纪50年代，塑料做成的**呼啦圈**很流行。你可以把呼啦圈放在腰上转起来，然后转动屁股让呼啦圈一直转下去。

1950年，第一台**晶体管收音机**问世。它由塑料做成，尽管音质不佳，但小巧方便，很受年轻人欢迎。

你也能行!

将一勺玉米粉与一勺水混合后,再与一勺工艺胶(含塑料聚合物)放在一起搅拌;提起来,它就会变成塑料泥了。

20世纪60年代之前,洋娃娃的头一般是用陶瓷做的,很容易碎,玩起来要特别小心。后来,塑料做成的洋娃娃就结实多了,能让孩子玩很久。

20世纪50年代,**信用卡**最初在美国发行,也是由塑料制成。有了信用卡,在商店买东西变得方便多了!

这是塑料的世界!

成千上万种不同的塑料,可以做成各式各样的产品。想想每天用的那些玩意儿,像游戏机、笔记本电脑、台式电脑、耳机,都是塑料做的;上面还有些塑料盒子、塑料扣子、塑料开关啥的,就连里面的电路和电路板也是塑料做成的,密封微芯片的板还是塑料做的。各种电器设备,像台灯、吸尘器,有塑料的成分,因此可以安全使用。它们的电线外面包裹着一层塑料,人们就不会触电。如果没有塑料,生活该多可怕呀。嚓!!

粘东西。我们会用到各种各样的胶水,包括工业胶、强力胶,里面都含有塑料聚合物。把胶水倒在物体表面后,它们长长的聚合物链就牢牢地粘在一起啦!

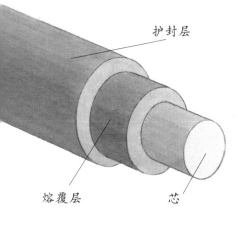

护封层

熔覆层　　　芯

光导管。以前,接通电话和传输电脑信息的电缆是用金属做的;现在,则是用光纤(玻璃或塑料细条)做成的。

蜡光纸的表面涂有一层塑料,会特别光滑、特别亮,一般用来打印照片或做杂志封面。这种涂层还可以用来给纸张上色。

降落伞、游艇、热气球是防刮布做成的。它是一种很结实的塑料纤维,密密地编织在一起,不容易刮破或撕破。

塑料电路板像个小城镇,上面有很多金属轨道,它们像电线一样工作,把电路板的不同区域连接起来。

没有**超轻塑料**的过去,建造飞机想都不敢想！"太阳神号"是一种无人飞机,靠太阳能发动。

神奇的塑料！

如果没有塑料,家务活会多很多!塑料表面光滑,容易擦拭。老式的木头餐桌脏了,得用消毒剂反复刮擦才能清洗干净。现在的不粘平底锅,比老式的铁锅和搪瓷锅好洗多了!再看看浴室里,现在的塑料毛牙刷,比以前的动物毛牙刷更好清洗。现在的有色涂料和清漆都含塑料,所以耐磨、保存时间久、表面容易清洁。如果没有塑料,我们得经常给各种物品的表面涂漆,并花很多时间清洁表面。

有了塑料,我们的生活轻松多了!

你怎么可能会喜欢用动物毛刷牙呢？但没有发明塑料之前,牙刷毛真的是用马和野猪的毛发做的,听起来好恶心！

钢铁被打湿后容易生锈,所以要不断抛光和涂漆。而塑料就不会生锈,根本不需要抛光和涂漆！

铁和钢会生锈,是因为金属与水和空气中的氧气产生了化学反应。塑料不会与水和氧气发生化学反应,所以它不生锈。

铁链

塑料链

户外天气比较潮湿时,木头容易腐烂。为了防止木头腐烂,可以涂上一层防腐剂、清漆或有色涂料。现在,很多门和窗格都是用塑料做的了。

棘手问题。如果没有塑料胶带的话,就只能用纸胶带或织物胶带。可是,纸胶带容易断,而织物胶带又笨重又难看。

塑料制品

每年大约生产2.5亿吨塑料。新产出的塑料像闪闪发光的沙砾。先把塑料熔化再做成东西,往里添加化学物质让材料变硬、变软或变颜色。有时人们会吹进空气,使其变成泡沫塑料。将加热后的塑料放进模具里,然后冷却模具让塑料变硬。用模具,每天可以生产出成百上千的相同产品。除此之外,还有各种各样不同的生产方法,包括注射成型、挤出成型、压注成型和气动成型。

压注成型。通过一个小孔将热塑料灌进喷丝板中(如右图所示),然后用冷水使它变硬。

放进塑料颗粒

挤出成型。金属块上有个大洞,把熔化了的塑料从这个洞里灌进去。塑料管、塑料条就是这样做成的。

注射成型。先将融化的塑料放进一个模型,然后用冷水冷却,裂开后形成的塑料产品正好落在准备好的箱子里。

"喷丝板"这个词是根据蜘蛛产丝的部位命名的。

喷丝板

尼龙

水

滚筒

你也能行！

试试从冰袋里挤冰块，你就能体会到挤出成型。同样，把酸奶放入塑料袋中，剪掉塑料袋一角，然后挤啊挤……动作一定要轻哦！

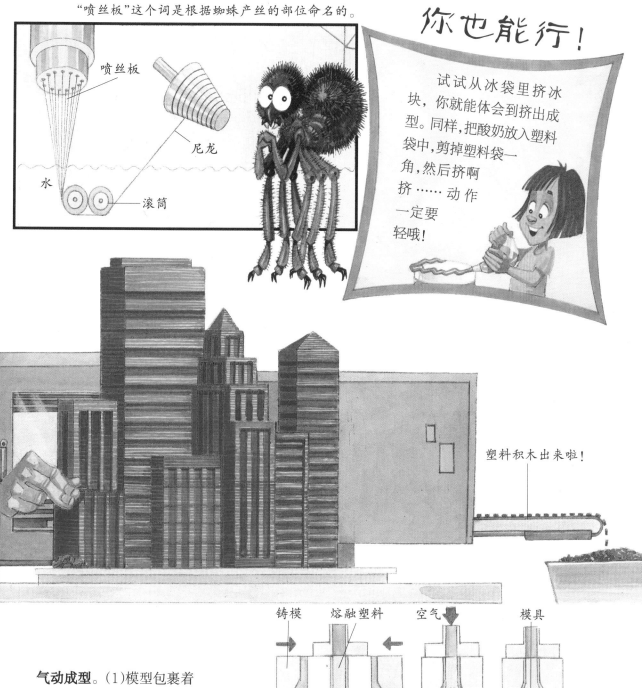

塑料积木出来啦！

铸模　　熔融塑料　　空气　　模具

气动成型。(1)模型包裹着一管热而软的塑料；(2)将空气吹进去；(3)空气将塑料压紧在模具上。瓶子就这样做成了！

（1）　　　　　　（2）　　　　　（3）

碳纤维

1. 碳纤维编织成的**垫子**,放置在模具中,并浸泡在树脂里(液体塑料)。

2. **模具**密封在塑料袋里,然后把里面的空气吸出,将各个层面挤压在一起。

3. 塑料袋里的**模具**放在名为"压热器"的烤箱里加热,直到塑料变硬。

4. **当压热器冷却后**,做好的碳纤维部分即可取出。塑料树脂基就此一固定,碳纤维垫子就结实了。

超高强度

有的塑料强度很高,能防弹。有的塑料还能防火。这些塑料可以做成超高强度的衣服,保护摩托车手、消防员、赛车手。普通塑料与别的材料混合后,就形成新的复合材料,强度也会增加。塑料复合材料的强度超过复合材料中任何单一材料的强度。

碳纤维加固塑料也是复合材料,简称碳纤维。它比钢的强度高10倍,重量却只有钢的五分之一。很多运动装备,如网球拍、高尔夫球棍、冰球棒都是用碳纤维做的。碳纤维甚至可以用来做赛车。

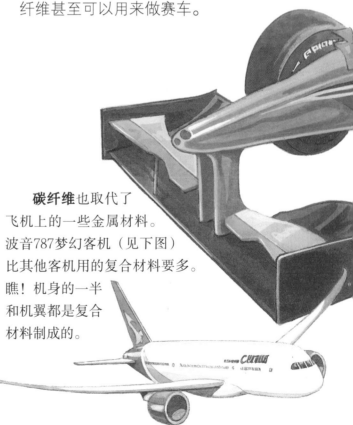

碳纤维也取代了飞机上的一些金属材料。波音787梦幻客机(见下图)比其他客机用的复合材料要多。瞧!机身的一半和机翼都是复合材料制成的。

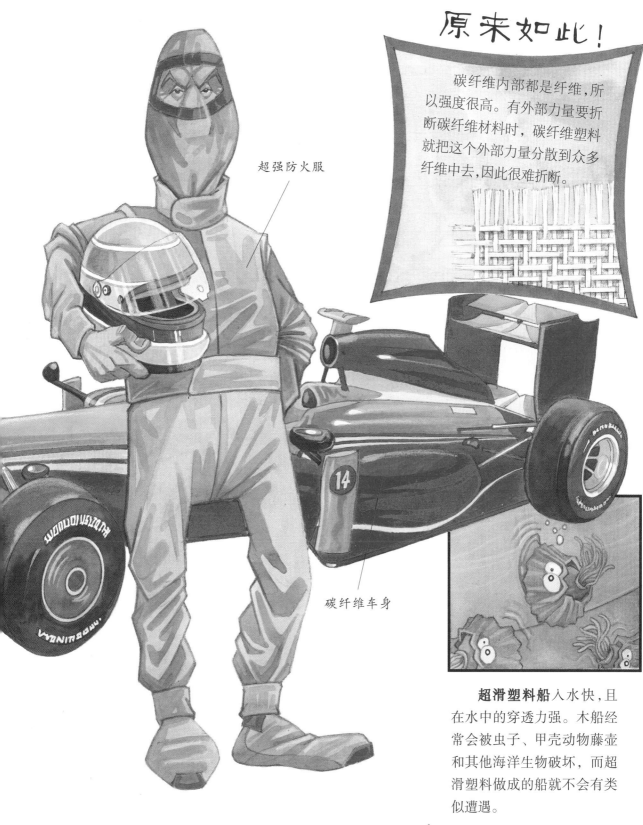

超强防火服

碳纤维车身

原来如此！

碳纤维内部都是纤维，所以强度很高。有外部力量要折断碳纤维材料时，碳纤维塑料就把这个外部力量分散到众多纤维中去，因此很难折断。

超滑塑料船入水快，且在水中的穿透力强。木船经常会被虫子、甲壳动物藤壶和其他海洋生物破坏，而超滑塑料做成的船就不会有类似遭遇。

塑料的缺点

尽管塑料有这么多优点，但它还是存在一些问题。比如，塑料产品用一段时间后，旧了、破了或者不流行了，就得更换。旧木头、不要的食品、没用了的自然纤维都会自行腐烂，废铁也会生锈，可塑料却需要成千上万年才能完全分解。旧塑料堆积的垃圾会污染环境，而解决办法就是回收它们做成新产品再利用，或者在发电站焚烧用来发电。

太平洋分为两大块，洋流以转圈的方式涌动。这样，垃圾就被困在中间（见右图），很多垃圾都是塑料。

嗯，看起来很好吃！

对**动物**来说，没有塑料的世界会更好。很多海龟、海鸟因为误食塑料而死，毕竟它们不知道塑料有害。

在一些发展中国家，**大的塑料集装箱**会被再利用，用来装水。塑料箱很轻，装满水后，人们也可以轻松地将其搬很远。

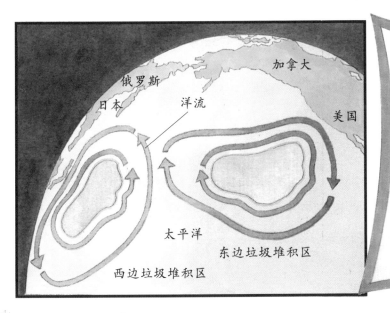

俄罗斯
日本
加拿大
洋流
美国
太平洋
东边垃圾堆积区
西边垃圾堆积区

你也能行!

看看家里塑料瓶底的三角形回收标志。记下不同种类的塑料,看看哪种塑料最常用?

你知道吗? 回收的塑料瓶可以做成羊毛外套所需要的纤维。每件羊毛外套需要提取25个塑料瓶的纤维材料。

回收的塑料瓶还能做房子! 在塑料瓶中装满沙子或泥土就行了。空塑料瓶还可做成温室,培育植物。

不同的塑料有不同的回收方式,因此回收商要清楚塑料的分类。有些产品带有三角形标志,三角形里的数字代表塑料的种类,称为"树脂识别码"。

树脂识别码

1	2	3	4	5	6	7
PETE	HDPE	V	LDPE	PP	PS	其他

聚对苯二甲酸乙二醇酯　高密度聚乙烯　聚氯乙烯　低密度聚乙烯　聚丙烯　聚苯乙烯

将来的塑料

科学家们仍在不断地发明新塑料、改善旧塑料。大部分塑料是用石油里的化学物质做成，但石油污染环境，而且总有一天会用完。但别担心：我们不会没有塑料。将来的塑料，会像最初的塑料那样，采用天然材料制成，我们称之为"生物塑料"，取自植物中的淀粉和纤维素。现在，有些瓶子、包装和汽车零件已经含有生物塑料。除此之外，有的新塑料还有自愈功能，做出来的产品永远都不会有划痕。

新技术

智能包装。如果细菌滋生，这种新塑料会变颜色。它用来包装食品，我们就可以清楚地看到里面的食物还能不能吃。

打印物品。用3D打印机竟可以打印出塑料制品！打印机通过一层一层地叠加塑料来制造东西。

这是我的新电视！

可弯曲的屏幕。电脑等设备的屏幕一般都是又硬又平的玻璃或塑料，而将来的塑料屏幕可能像纸一样又薄又柔韧哦。

回收塑料可节省能源。用回收塑料做一个塑料瓶，再用新材料做同样的一个塑料瓶，两者相比，前者可节省四分之三的能源。

这是做塑料用的！

塑料钱币。澳大利亚、加拿大和新西兰等国家已经不再发行纸币，而改用塑料钱币。越来越多的国家正打算这么做，因为塑料钱币耐用、比纸币更安全。

术语表

3D　**三维**　有长、宽、高。

Atom　**原子**　化学变化中最小的微粒。

Bacteria　**细菌**　微生物组织。很多细菌无害或对我们有益,但有些细菌会导致疾病,很危险。

Blow-moulding　**吹塑成型法**　做中空塑料产品(比如杯子)的一种方法。模具环绕在装有一管又热又软的塑料外面，然后吹入空气。

Canopy　**座舱盖**　战斗机驾驶舱的透明顶盖。

Casein　**酪蛋白**　牛奶中的一种物质。

Cellulose　**纤维素**　植物纤维和植物细胞壁中的一种物质。

Composite material　**复合材料**　由两种或两种以上物质做成的材料。比如:碳纤维复合材料,也称作"碳纤维"。

Disinfectant　**消毒剂**　一种液体清洁产品,用来杀菌。

Drawing　**压注**　通过小孔把塑料或其他物质挤进金属块中形成纤维的工艺。

Electronic circuit　**电路**　一组电器设施组成的导电回路,供电流通过。

Extrusion　**挤出**　把又热又软的塑料挤过金属块的大洞,形成塑料杆、塑料棒和塑料管道的工艺。

Factory　**工厂**　制造产品的地方。

Fibre　**纤维**　天然材料的丝线（如棉花）,或合成材料的丝线(如尼龙或人造丝)。

Gearwhell　**齿轮**　有齿的轮子，一般是小机器上的机械元件。

Injection moulding　**注射成型**　把滚烫的塑料液体压进模具，然后冷却形成塑料的工艺。

Lifestyle **生活方式** 某个人或某类人生活的模式。

Manufacture **制造** 大规模生产产品，用来销售。

Microchip **微芯片** 塑料主板上形成电流的电子部分，也称为芯片、集成电路或IC。

Molecule **分子** 关联在一起的一组原子。

Monomer **单体** 许多类似的分子关联在一起，形成长长的链条状的聚合物。

Oxygen **氧气** 空气中的一种气体。你呼吸的空气中21%是氧气，其余的大部分是氮气。

Pollution **污染** 环境中，尤其是空气和水中的多余物质或有害物质。

Polymer **聚合物** 长长的链条状物质，由很多一样的单体组成。

Space Age **太空时代** 1957年10月4日第一次航天飞行以来的时期。

Starch **淀粉** 植物体中贮存的养分。

Superglue **强力胶** 由一种叫氰基丙烯酸酯的塑料聚合物做成的强力、快速凝固胶。

Synthetic **合成物** 以人工方式合成出来的物质，而非自然方式。

Tinplate **马口铁** 涂了一层锡的薄铁或钢。

塑料的顶级发明家

亚历山大·帕克斯(1813—1890年)

帕克斯出生于英国的伯明翰市。他在金属铸造厂工作，主要负责把熔化的金属倒进模具中。他幻想过几十种发明，包括加工金属、加固金属的新方法。1841年，他发明了一种新方法，用橡胶制成防水织物。15年后，他发明了一种塑料，并以自己的名字命名为"帕克斯胶"。

华莱士·卡罗瑟斯(1896—1937年)

华莱士·卡洛瑟斯出生于美国爱荷华州的柏灵顿市。大学期间，他在化学方面表现优异，去了杜邦化学公司工作。1930年，在杜邦公司，他率领的科学家团队发明了一种合成橡胶——氯丁橡胶。5年后，他又发明了尼龙。

利奥·贝克兰德(1863—1944年)

利奥·贝克兰德出生于比利时的根特市。他研究化学并成为一名化学教授，1891年移居美国。两年后，他发明了一种新型照相纸。1897年，他加入美国籍，之后潜心化学实验、发明新材料。1909年，他发明了胶木，并成立一家公司专门生产胶木产品。1939年，他退休。5年后去世，享年80岁。

着火啦！

最早的电影拍摄胶片，是用塑料赛璐珞做成的。赛璐珞有个缺点，就是容易着火，而且烧起来很猛，同时还会释放出毒烟；即使赛璐珞不着火，也会化学分解，因此胶片会变黄、变黏，还会爆裂。这种胶片存放的时间越久越危险，甚至会毫无征兆地爆炸——它太危险了，不能随便扔，必须交给专家处理。最老的电影胶片一般存放在特殊的防火仓库，然后拷进新型胶片或进行电子存储。20世纪40年代，相对安全一些的塑料胶片取代了赛璐珞，称作不燃性胶片。

尽管不燃性胶片不会着火，它也存在另外一个问题：使用几年之后，它就开始分解，并释放出警报性的醋味。胶片分解时会收缩、易脆，还会褪色。尽管有这些缺点，但不燃性胶片里存储的电影不会丢失，可以拷贝到新胶片中或进行电子存储。

你知道吗？

• 2007年7月14日,英国伊利市乌斯河上建起一座36米长的浮桥,这座桥用14100个4品脱*装的塑料牛奶盒做成,是世上用牛奶盒改造成的最长的桥。伊利市市长亲自踏上桥测试过。

• 每年,全球使用的塑料袋有5千亿到1万亿只,相当于每分钟使用一百多万只。有些塑料袋回收后,编织在一起做成帽子和购物袋。

• 塑料需要很长时间才能分解,这意味着生产出来的所有塑料至今都还存在着。

• 身体细胞中的DNA控制着我们的生长发育,是一种纯天然的聚合物。最长的DNA聚合物十分庞大,有几千亿个单位长度。

• 3D打印机可以打印出任何三维形状的模型,包括我们自己的模型。

*注:品脱,英制容量单位,1品脱=0.568升。

致　谢

"身边的科学真好玩"系列丛书在制作阶段,众多小朋友和家长集思广益,奉献了受广大读者欢迎的书名。在此,特别感谢蒋子婕、刘奕多、张亦柔、顾益植、刘熠辰、黄与白、邵煜浩、张润珩、刘周安琪、林旭泽、王士霖、高欢、武浩宇、李昕冉、于玲、刘钰涵、李孜劼、孙倩倩、邓杨喆、刘鸣谦、赵为之、牛梓烨、杨昊哲、张耀尹、高子棋、庞展颜、崔晓希、刘梓萱、张梓绮、吴怡欣、唐韫博、成咏凡等小朋友。